# MathStart®
## 洛克数学启蒙❶

MathStart
洛克数学启蒙①

车上的动物们

[美]斯图尔特·J.墨菲　文
[美]R. W. 阿利　图

漆仰平　译

加法

海峡出版发行集团　福建少年儿童出版社
THE STRAITS PUBLISHING & DISTRIBUTING　FUJIAN CHILDREN'S PUBLISHING HOUSE

向汤姆、艾琳以及设计团队致敬，是大家的共同努力使得"洛克数学启蒙"系列卓越不凡。

——斯图尔特·J.墨菲

ANIMALS ON BOARD

Text Copyright © 1998 by Stuart J. Murphy

Illustration Copyright © 1998 by R.W. Alley

Published by arrangement with HarperCollins Children's Books, a division of HarperCollins Publishers through Bardon-Chinese Media Agency

Simplified Chinese translation copyright © 2023 by Look Book (Beijing) Cultural Development Co., Ltd.

ALL RIGHTS RESERVED

著作权合同登记号：图字 13-2023-038号

图书在版编目（CIP）数据

洛克数学启蒙. 1. 车上的动物们 / （美）斯图尔特
·J.墨菲文；（美）R.W.阿利图；漆仰平译. -- 福州：
福建少年儿童出版社，2023.9
ISBN 978-7-5395-8092-0

Ⅰ.①洛… Ⅱ.①斯… ②R… ③漆… Ⅲ.①数学 -
儿童读物 Ⅳ.①O1-49

中国国家版本馆CIP数据核字(2023)第005306号

LUOKE SHUXUE QIMENG 1 · CHE SHANG DE DONGWUMEN
洛克数学启蒙 1·车上的动物们

著　者：[美]斯图尔特·J.墨菲 文　[美]R. W.阿利 图　漆仰平 译
出 版 人：陈远　出版发行：福建少年儿童出版社 http://www.fjcp.com　e-mail:fcph@fjcp.com　社址：福州市东水路 76 号 17 层（邮编：350001）
选题策划：洛克博克　责任编辑：邓涛　助理编辑：陈若芸　特约编辑：刘丹亭　美术设计：翠翠　电话：010-53606116（发行部）　印刷：北京利丰雅高长城印刷有限公司
开　本：889 毫米 ×1092 毫米　1/16　印张：2.5　版次：2023 年 9 月第 1 版　印次：2023 年 9 月第 1 次印刷　ISBN 978-7-5395-8092-0　定价：24.80 元

车上的动物们

我的卡车载着特殊的货物，咣当咣当，
在路上慢悠悠地走着。

我是司机——名叫吉尔。
我得确保我的货物不会掉下来。

5

一辆绿色的大卡车呼啸而过，轰隆隆，
车上有3只凶猛的老虎——快来数一数。

注意看哟——现在又来了2只。
把这些嗷呜嗷呜的家伙加起来数一数。

加油站

6只白天鹅从一旁经过。
它们长着翅膀，却不能飞翔。

注意哟——又来了1只。
它也许是那6只的小弟弟吧。

瞧，我又看到了什么有趣的情景？
4只绿色的青蛙正从我身边路过！

15

我开着卡车没有停下，继续前进。
又有4只青蛙经过，晃来晃去。

现在，又有一辆卡车经过。
上面载着7匹欢腾的骏马！哇哦！

接着我又看见一辆卡车。
车上载着另外3匹马。

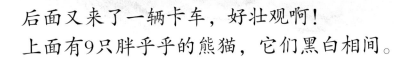

后面又来了一辆卡车，好壮观啊！
上面有9只胖乎乎的熊猫，它们黑白相间。

23

一辆红色卡车小心翼翼地从我身边驶过。
后面装了什么？哦，什么也没有！

24

但这辆空卡车的前端挂了一个特别的标志。
我该排进车队里了。

我们的目的地终于到了。
我的卡车上载着旋转顶棚！

现在，我们完成了工作，
终于可以找点乐子了！

你能找出5只老虎、7只天鹅、8只青蛙、10匹马、9只熊猫吗？

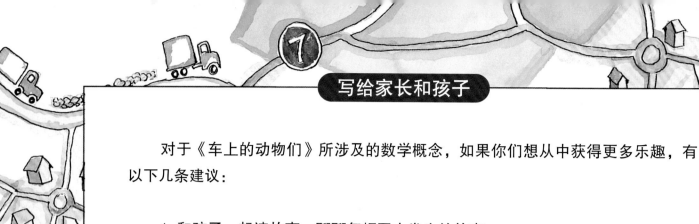

对于《车上的动物们》所涉及的数学概念，如果你们想从中获得更多乐趣，有以下几条建议：

1. 和孩子一起读故事，聊聊每幅图中发生的故事。

2. 和孩子一起数动物的时候，让孩子指着每一种动物并提问，例如："有6只天鹅，再加上1只，一共有多少只？"

3. 鼓励孩子用自己的语言复述故事。

4. 从旧杂志或商品包装上剪下一些动物，把它们放在一起。如果你们有2只乌龟、3只狗，就可以向孩子提问："一共有多少只动物呢？"

5. 找来一些毛绒动物玩具，把它们分成几组，试着将它们的数量加起来。鼓励孩子编一些关于动物的数字故事，例如："森林里有3头熊和2只兔子，这5只动物正在散步。"

6. 看看周围有哪些东西，比如抽屉里的玩具、购物车里的物品、架子上的甜甜圈，然后试着让孩子把它们的数量加在一起算一算是多少。

如果你想将本书中的数学概念扩展到孩子的日常生活中，可以参考以下这些游戏活动：

1.情境扮演：为宠物或毛绒玩具举行生日派对。在生日蛋糕或纸杯蛋糕上插1~3支蜡烛，然后改变蜡烛的数量。试着向孩子提问："这只过生日的动物几岁了？"

2.拼写名字：用牙签拼出孩子的名字。要用多少根牙签才能拼出第一个汉字？前两个汉字呢？要用多少根牙签才能拼出孩子的全名？

3. 纸牌游戏：打开一副牌，拿走J、Q、K和大小王。选两张牌，将牌面上的数字相加。试着再找两张牌，让牌面上的数字之和与之前的相等。多试几次。看谁找到的组合最多，谁就赢了。

4. 操场计数：数一数有多少孩子在荡秋千，有多少孩子在排队玩滑滑梯，将他们的数量加在一起。将进行不同游戏的孩子的数量相加，最后算出操场上总共有多少孩子。

**1**

| | |
|---|---|
| 《虫虫大游行》 | 比较 |
| 《超人麦迪》 | 比较轻重 |
| 《一双袜子》 | 配对 |
| 《马戏团里的形状》 | 认识形状 |
| 《虫虫爱跳舞》 | 方位 |
| 《宇宙无敌舰长》 | 立体图形 |
| 《手套不见了》 | 奇数和偶数 |
| 《跳跃的蜥蜴》 | 按群计数 |
| 《车上的动物们》 | 加法 |
| 《怪兽音乐椅》 | 减法 |

**2**

| | |
|---|---|
| 《小小消防员》 | 分类 |
| 《1、2、3，茄子》 | 数字排序 |
| 《酷炫100天》 | 认识1~100 |
| 《嘀嘀，小汽车来了》 | 认识规律 |
| 《最棒的假期》 | 收集数据 |
| 《时间到了》 | 认识时间 |
| 《大了还是小了》 | 数字比较 |
| 《会数数的奥马利》 | 计数 |
| 《全部加一倍》 | 倍数 |
| 《狂欢购物节》 | 巧算加法 |

**3**

| | |
|---|---|
| 《人人都有蓝莓派》 | 加法进位 |
| 《鲨鱼游泳训练营》 | 两位数减法 |
| 《跳跳猴的游行》 | 按群计数 |
| 《袋鼠专属任务》 | 乘法算式 |
| 《给我分一半》 | 认识对半平分 |
| 《开心嘉年华》 | 除法 |
| 《地球日，万岁》 | 位值 |
| 《起床出发了》 | 认识时间线 |
| 《打喷嚏的马》 | 预测 |
| 《谁猜得对》 | 估算 |

**4**

| | |
|---|---|
| 《我的比较好》 | 面积 |
| 《小胡椒大事记》 | 认识日历 |
| 《柠檬汁特卖》 | 条形统计图 |
| 《圣代冰激凌》 | 排列组合 |
| 《波莉的笔友》 | 公制单位 |
| 《自行车环行赛》 | 周长 |
| 《也许是开心果》 | 概率 |
| 《比零还少》 | 负数 |
| 《灰熊日报》 | 百分比 |
| 《比赛时间到》 | 时间 |